ÉTUDE

SUR LES

ANTES TEXTILES

PAR

M. DECAENS.

ROUEN,

IMPRIMERIE DE H. BOISSEL,

Rue de la Vicomté, n° 55.

1867.

ÉTUDE

SUR

LES PLANTES TEXTILES

PAR

M. DECAENS.

Dans ces derniers temps, il a été beaucoup parlé du china-grass comme succédané du coton ; il est vrai que jusqu'à présent l'emploi de ces fibres textiles a pris peu d'extension, ce qu'il faut, au reste, en grande partie attribuer aux difficultés qu'une innovation éprouve toujours vis-à-vis de la routine ; mais surviennent quelques complications politiques qui empêchent l'approvisionnement même partiel du textile américain, et le china-grass pourra et devra même prendre dans la consommation une place qu'il mérite à bien des titres.

Mais ce n'est pas la seule fibre dont l'emploi puisse être utilisé par l'industrie pour, sinon remplacer, au moins augmenter le nombre des tissus végétaux dont l'homme se sert déjà pour se couvrir ; la Providence en a mis bien d'autres sous sa main sans qu'il les ait encore sérieusement utilisés.

C'est une promenade à travers des bosquets de plantes textiles que je viens commencer aujourd'hui; je voudrais vous faire jouir, afin de pallier la monotonie de ces froides nomenclatures, des riantes perspectives de leurs feuillages et des éclatantes colorations de leurs fleurs, mais j'espère que vous pardonnerez l'aridité du sujet en faveur de son but utile.

Pour plus de clarté, je classerai les plantes par familles, et la première que nous rencontrerons sera celle des Liliacées, qui contient un certain nombre d'individus dont l'homme pourrait utiliser les fibres. Le ***Phormium tenax*** ou *lin de la Nouvelle-Zélande* est de ce nombre : il pousse par de larges touffes en éventails dont les feuilles mûries donnent un fil très délié. Le Phormium fut découvert par MM. Bancks et Solander pendant leur séjour à la Nouvelle-Zélande, et ils en firent connaître les usages dans la relation du premier voyage de Cook. Les Anglais ont établi à l'île de Norfolk une manufacture de Phormium dont les fibres réduites en filasse produisent des cordages pour la marine, des filets pour la pêche et même de la toile. La manière de préparer les fils de Phormium par la découpure des feuilles en lanières, leur mise en paquet et leur rouissage sont bien connus en Europe depuis l'exposition faite en 1851 par Taohni, un des chefs indigènes de la Nouvelle-Zélande.

Appelé par les naturels *koradi* ou *korere*, il a été introduit, en 1798, dans le sud de l'Irlande; il prospère sur la côte occidentale de l'Ecosse, bien que la rigueur des hivers le fasse souvent souffrir, ce qui est un grave inconvénient pour la culture d'une plante dont le complet développement demande une période de

trois ans. Elle préfère les terrains humides, marécageux et y prend beaucoup d'accroissement.

La ténacité du lin étant représentée par 1,000, celle du *Phormium tenax* peut l'être par 1996; mais cette ténacité, qui paraît si grande, disparaît aisément par une flexion angulaire et par conséquent ces fibres ne forment pas un canevas durable; aussi les fils de cette plante, qui semblent dépasser de beaucoup la force de résistance du lin sont-ils loin en réalité de l'atteindre, les fibres étant reliées entre elles par une matière agglutinative qui disparaît à l'épuration et les prive de leur cohésion; c'est pourquoi l'on s'est beaucoup occupé de reconnaître leur présence parmi celles du lin et du chanvre. M. A. Vincent, a proposé, à cet effet, l'action consécutive d'une solution aqueuse de chlore, puis d'ammoniaque. L'action successive et peu prolongée de ces deux réactifs développe dans les fils que fournit le Phormium une coloration d'un rouge violacé que quelques gouttes d'acide azotique font disparaître; avec ces deux réactifs les fils du chanvre prennent une teinte légèrement rosée qui devient un peu plus vive avec les filasses provenant de chanvre roui dans une eau stagnante. Quant au lin, il conserve la couleur primitive (1).

Dans cette même famille des Liliacées, nous trouvons encore :

(1) Sous l'influence de l'acide nitrique à 36° contenant un peu de gaz nitreux, le chanvre se colore en jaune pâle à froid et à chaud; celui dont le rouissage a été opéré dans une eau stagnante prend une légère nuance rose. Le lin prend aussi à la chaleur la nuance rose, qui bientôt passe au jaune; le *Phormium tenax* se colore rapidement à froid en rouge de sang.

1° Les *Sansevières*, plantes vivaces à feuilles rigides qui habitent les régions tropicales de l'Afrique et des Indes. Elles donnent des fibres bien plus solides que celles du phormium et sont connues sous le nom de *chanvre d'Afrique*. La sansevière de Ceylan (*sansevicra Ceylanica*), connue dans ce pays sous le nom de *Marool*, se distingue sous ce rapport.

2° Les *Yuccas* (*gloriosa, filamentosa*, etc.) qui font la parure de nos jardins et qui sont si multipliés au Mexique, dans le Texas, la Louisiane et la Floride, que l'on en fait des clôtures épaisses et fourrées, difficiles à traverser et d'un effet singulièrement pittoresque lorsqu'elles sont en fleurs. La plus belle variété est l'*Yucca gloriosa*, dont les feuilles sont de couleur vert glauque et dont les fleurs blanches, de la grandeur d'une tulipe, sont violettes à l'extérieur. Les Yuccas ont souvent une tige arborescente en colonne couverte d'un grand nombre d'anneaux et représentant un petit tronc de palmier. Les matières textiles qu'ils promettent à l'industrie paraissent inépuisables, et en Algérie cette belle et utile plante vient en abondance.

3° Les différentes variétés d'Aloès. On sait, par expérience, ce que ces plantes peuvent devenir en des mains habiles : en effet, si les Indiens obtiennent, avec les faibles moyens dont ils peuvent disposer, des tissus

L'acide chlorhydrique ne colore le chanvre et le lin ni à froid ni à chaud; à une température de 30 à 40°, le *Phormium* est d'abord jauni faiblement, puis il rougit, brunit et ne tarde pas à se noircir.

L'action de l'acide iodique est nulle sur le chanvre et le lin ; mais elle produit sur les fils du *Phormium tenax* une coloration rose qu'une élévation de température accélère.

et des cordages qui peuvent lutter avec les nôtres, on peut juger des résultats que l'on pourrait atteindre avec des procédés d'extraction perfectionnés.

Les feuilles de l'Aloès nombreuses, fort grandes, très épaisses, charnues, longues, armées sur leurs bords de petites pointes très piquantes, convexes en dessous, concaves à la partie supérieure, sont disposées en rond et prennent naissance dès la racine. Elles sont remplies d'une substance épaisse et gluante qui, lorsqu'on leur fait une incision, s'échappe par gouttelettes claires et transparentes qui deviennent violettes en séchant. Cette substance a une saveur amère très désagréable et est d'un emploi fréquent en médecine.

L'Aloès est un des végétaux les plus abondamment répandus dans les pays chauds; sa culture n'exige aucun soin; tous les terrains lui sont bons; il se plaît dans les pentes les plus abruptes, sur les crêtes les plus désolées, dans les sables les plus brûlants; là où meurt toute végétation, l'aloès déploie ses larges feuilles et pousse au loin ses rejetons. Telle savane brûlée par tous les feux du soleil et qu'il serait impossible d'utiliser, à moins d'énormes dépenses, se couvrira comme par enchantement de l'arbuste jusqu'à ce jour dédaigné et rapportera à son propriétaire des bénéfices certains.

Sur tout le cours du Zambèze, les naturels emploient pour fabriquer des cordes les fibres d'une espèce d'aloès appelé *congé*.

4° Le *Dragonnier pourpre* (*Dracæna terminalis*), dont la racine joue aux îles Sandwich un si grand rôle dans l'alimentation, sous le nom de *racines de Ti*, fournit des feuilles pour couvrir les maisons, en guise de chaume, et dont ces insulaires font une sorte de toile.

Je rapprocherai de ces espèces une plante de la famille des Amaryllidées, l'*Agave*, dont les fibres textiles sont aussi très employées dans le Mexique. On les divise en plusieurs variétés : l'*agave Americana* ou *chanvre blanc de Haïti*, l'*agave fœtida* ou *fil d'aloès*, l'*agave Cubensis*, etc.; elles donnent toutes une filasse excellente. Le *Furcroya gigantea*, la variété la plus remarquable, ainsi nommée en l'honneur du chimiste Fourcroy, atteint au Mexique une hauteur de quinze ou seize mètres. On lui attribue une longévité extraordinaire ; car, suivant une vieille tradition mexicaine, il croîtrait 400 ans avant de fleurir et ce ne serait qu'après ces quatre siècles que sa fleur s'épanouirait en un beau panache blanc jaunâtre. Ce qui a contribué à accréditer en Europe cette fable, c'est qu'il est rare que les agaves y fleurissent. Camerarius cite, en effet, un agave qui fleurit en 1586, dans le jardin du grand duc de Toscane. Parkinson en vit un fleuri à Rome en 1629. Cette plante fleurit encore à Paris en 1663 et 1664, en Angleterre en 1698, à Leipsick en 1800 ; à Rouen même en 1805, au Jardin des Plantes, cette plante développa sa fleur. Lorsque l'on coupe les feuilles intérieures au moment où la hampe florale va se développer, il en découle abondamment une séve d'un goût acide très agréable qui fermente facilement. Les Mexicains donnent à cette liqueur le nom de *pulque* ; elle ressemble par sa couleur au cidre, mais elle possède une odeur de viande putréfiée excessivement désagréable ; aussi les Européens, avant d'en faire usage, ont à surmonter le dégoût qu'inspire sa fétidité.

Les fils que l'on retire des agaves portent le nom de *Pitte* ou *fil de faux aloès*. Les anciens Mexicains utilisaient parfaitement les fibres de cette plante : « un don « très précieux pour les habitants de ce pays, dit en « effet le P. Clavijero dans son histoire du Mexique, « c'est la substance fibreuse des feuilles de l'agave. « Selon la qualité de la plante, ces filaments ressem- « blent au chanvre le plus grossier ou au lin le plus fin et « ils peuvent toujours le remplacer avec avantage. Les « Mexicains en ont confectionné toutes sortes d'objets, « du fil, de la ficelle, des nattes, des sacs, des souliers, « des vêtements, et d'autres tissus depuis la plus « grossière toile d'emballage jusqu'à des étoffes qui « égalent la mousseline par leur finesse. Ils en ont tiré « les couvertures dans lesquelles on les enveloppe à « leur naissance ou à leur mort, ainsi que le papier sur « lequel ils écrivent leurs chroniques et dont ils ornent « leurs divinités. Ce qui donne encore plus de valeur « à cette plante, c'est que le sol et le climat lui sont « indifférents, qu'elle pousse partout sous la zone tor- « ride, qu'elle ne coûte aucune peine, et que ses fibres « n'ont presque besoin d'aucune préparation pour être « employées. »

L'*Agave sizalana* produit aussi une fibre qui porte le nom en Angleterre de *Sisal Hemp* dont a a fait des brosses à cause de son bas prix, mais qui pourrait être utilisée à fabriquer des tissus.

L'*Agave saponaria* fournit encore des fibres très résis tantes et la propriété détersive de sa tige fait qu'au Mexique elle remplace le savon.

La famille des Tiliacées renferme plusieurs variétés dont les fibres sont utilisables par l'industrie textile.

Ainsi l'écorce du *Tilleul*, type de cette famille, pourrait être employée à cet usage : on fait déjà, en effet, chez nous des cordes de puits avec les fibres extraites du *Tilleul à larges feuilles* (*Tilia platyphyla*) et d'autres espèces similaires. Les arbres de douze à quinze ans sont ceux dont l'écorce est préférée, parce que c'est l'âge où elle a plus de force et de souplesse.

Il y a longtemps que M. Forest, père et fils, de Montereau prirent un brevet d'invention pour fabriquer des toiles avec une filasse provenant des écorces de Tilleul et autres arbres de notre pays, mêlée avec de la filasse de chanvre.

L'*Aristotelia Maqui* dont le bois, dans les îles de la Polynésie, sert à fabriquer des instruments de musique, fournit avec son écorce des cordes qui servent a les achever.

Les tiges du *Triumphetta elliptica* du Brésil servent à faire des paniers et en les faisant macérer on en retire une matière textile fort résistante.

Mais de toutes les plantes de cette famille, la plus employée dans l'industrie textile est certainement le *Corchorus* et ses diverses variétés dont les fibres sont connues sous le nom de *Jute*.

« Si, comme on l'espère, disait M. Blanqui dans ses « lettres sur l'Exposition de Londres en 1851, l'expé- « rience qui s'est déjà faite sur plus de 20,000 tonnes « de Jute importées, réussit complétement, les Anglais « pourront s'affranchir du coton américain et du chanvre « russe et tirer de leur sol indien une matière première « inépuisable. »

La Compagnie des Indes orientales avait établi, au moment où M. Blanqui écrivait ces lignes, sous le nom de *Sunn and Paat*, un grand dépôt de matières textiles indiennes, entres autres de jute, de crotalaire, etc., mais la suppression de cette Compagnie a désorganisé cet embryon d'industrie.

En 1861, les importations dans les ports anglais atteignaient le chiffre de 41 millions de kilogrammes sur lesquels la plus grande partie est entrée à Dundee en Ecosse; il paraît que la production indienne annuelle est de plus de 300 millions de kilogrammes : la France qui n'en avait importé en 1856 que 1,072,000 kilogrammes, en a vu arriver rien que par la voie anglaise près de 14 millions dans ses usines pendant les dix premiers mois de 1866.

Le nom prononcé en anglais *joute* dérive du mot Bengali *chouti*. Cette fibre est le produit du Corète à capsules (*Corchorus capsularis*) et porte encore dans le commerce le nom de chanvre de Bengale ou de Calcutta.

Plusieurs autres espèces de Corète sont encore employées dans l'Inde pour la fabrication des sacs (Gunny bags) dans lesquels le sucre, le riz et autres denrées sont apportés de ce pays en Europe : ce sont les Paat ou Sunchee Paat produits par le corète comestible (*Corchorus olitorius*) ou mauve des Juifs et le Tsing-ma fourni par le corète textile *Corchorus textilis*).

Rumphius décrit ces plantes sous le nom de Gauja et Gania, qui veut dire chanvre ; delà le nom de Gunny donné par corruption aux étoffes grossières faites de cette fibre.

Les Corètes à capsules qui fournissent surtout le Jute étaient employés comme plantes textiles dans l'ancienne Egypte concurremment avec le chanvre et le lin.

Dans l'Inde, les différentes espèces de Corète étaient employées dès la plus haute antiquité pour la fabrication des vêtements, et encore a présent les Hindous filent et tissent le Jute pour leur usage personnel. Dans presque toute l'Asie, les feuilles sont employées, en outre, comme aliment.

La première préparation du Jute dans les lieux où il est récolté est identique à celle des rouissages de nos contrées ; lorsqu'on veut lui donner une belle apparence, on pousse ce traitement un peu loin ; mais l'avantage de l'aspect n'est alors obtenu qû'au détriment de la ténacité ; il en est de même de l'abus du rouissage pour le lin. Moins bien favorisés par la nature que nos paysans, les Indiens sont assujétis à étudier chaque jour l'état des écorces pour voir s'il n'est pas temps de les faire sécher. En effet, la fibre plus délicate que celle du lin ne résisterait pas à la décomposition comme le tissu cellulaire de nos matières textiles européennes. Cependant ces difficultés ne lassent pas la patience du cultivateur hindou, car la péninsule fournit une grande quantité de ces fibres dont le prix sur les marchés du pays n'atteint pas 25 fr. les 100 kilogrammes.

M. le D[r] O'Rorke a donné quelques renseignements sur la manière dont les Indiens fabriquent les étoffes de Jute. Les villes où se préparent principalement ces tiges sont Malda, Purnea, Natore, Rungpore, Dacca, Chandernagor, etc. ; les petits cultivateurs hindous tissent eux-mêmes leurs vêtements de cette substance qu'ils ont récoltée. Mais le grand commerce et le principal emploi du Jute est la fabrication des toiles d'emballage. Les bateliers, les laboureurs, les porteurs de palanquin, les domestiques passent leurs moments de loisir à fabriquer, la quenouille en main, le fil de Gunny et c'est la seule ressource, pour ne pas mourir de faim, des veuves hindoues que la police anglaise empêche de se précipiter dans le bûcher qui dévore le cadavre de leur mari. Pour donner une idée du peu de prix de la main d'œuvre que l'on donne au jute, il suffit de dire qu'un poids donné de Gunny Bags peut être acheté presqu'au même prix qu'un même poids de matière brute propre.

Outre son emploi dans l'Inde, le jute est importé en Amérique pour recouvrir les balles de coton. On évalue à plus de 9 millions le nombre de pièces d'étoffes grossières de jute annuellement exportées de Calcutta pour servir de toiles d'emballage.

Un ingénieur, M. Thomson a proposé de préparer cette fibre de manière à la faire filer et tisser par les machines à coton; mais c'est surtout dans les étoffes mixtes que le jute pourrait remplacer le coton, le lin et le chanvre, quoique sa notable infériorité doive en réduire l'usage. Les reproches qu'on lui a faits sont peut-être cependant trop exclusifs. On a prétendu que les produits de cette matière ne pouvaient résister à l'humidité : or, il a été exposé pendant plusieurs semaines, en les enterrant dans un sol humide, du chanvre, du lin et du jute brut, et ce dernier en a été retiré aussi sain que les autres végétaux. Mais les reproches sont plus justifiés, quand il s'agit de la résistance de ce textile à la vapeur humide et aux actions du lessivage et des alcalis. En effet, si l'on soumet pendant quelques heures à l'action de la vapeur à haute pression une étoffe formée de fibres textiles ordinaires et des fibres de jute, ces dernières se séparent de l'étoffe par un lavage, tandis que le coton, le lin et le chanvre n'éprouvent que peu ou point d'altération.

Outre ce procédé par lequel on pourrait reconnaître un mélange de ce fil exotique avec le coton, le lin et le chanvre, les fils de jute, par l'action successive du chlore et de l'ammoniaque, prennent une couleur rouge violacée, tandis que les autres fibres restent, pour ainsi dire, intactes.

Cette détérioration, sous l'influence des véhicules que j'ai précédemment désignés, provient sans doute de ce que ces fibres contiennent des parties naturelles incrustées par places, qui se trouvent attaquées par ces agents. Or, tout le problème consiste à traiter le jute brute de façon à le débarrasser de ce corps obstruant avant de l'employer; la solution de ce problème, dont les conséquences peuvent devenir très importantes, est loin de paraître impossible.

La nature s'est quelquefois plu à concentrer dans un seul végétal la matière première de tout ce qui est pour l'homme de nécessité absolue. Les *palmiers*, par exemple, avec toutes leurs innombrables variétés, produisent tout ce qui est véritablement indispensable à la vie.

Ces arbres pourraient en quelque sorte alimenter l'homme avec leurs bouquets de feuilles tendres appelées *choux palmistes*, qui forment des salades délicieuses et d'excellentes fritures; la fécule nourrissante extraite de la moëlle du sagoutier, les dattes, les cocos, les arecs, avec les huiles et le beurre de palme, apporteraient une grande variété dans cette alimentation. De leurs fruits on extrait des liqueurs rafraîchissantes et agréables d'un goût vineux, ce qui leur a valu le nom de *vin de palme, vin de coco.*

Leurs troncs peuvent être employés comme bois de construction, et lorsque le tissu n'est pas trop mou et trop spongieux, on peut le travailler et même le faire entrer dans la fabrication des objets les plus divers. Avec les feuilles on couvre les habitations, et le limbe qu'elles contiennent sert à tresser des nattes, à confectionner des paniers et à fabriquer des chapeaux.

Les fibres que l'on extrait des pétioles qui supportent les vastes feuilles du palmier sont divisibles à l'infini et portent le nom de *yucca*. Les 30 à 40 0/0 de fils que ces pétioles peuvent fournir sont très fins et peuvent être tissés pour former des étoffes d'un aspect très régulier.

Le *crin végétal d'Afrique*, que l'on trouve dans le commerce, n'est autre chose qu'une fibre extraite du *palmier nain* (*chamœrops humilis*) qui croît en abondance en Algérie. De temps immémorial, on en faisait des balais, et à présent on en fait du fil et de la toile dont le prix est à peu près moitié de ceux que l'on obtient avec le chanvre. Cette variété s'avance presque jusque sous le 44e degré de latitude, à quelques kilomètres de la frontière provençale. Le *chamœrops excelsa*, indigène à Chang-Haï et dans l'île de Tchusan où il supporte en hiver des températures de 10° à 12° au-dessous de zéro, pourrait être acclimaté en Europe, et l'on jugera même de son aptitude à se naturaliser parmi nos arbres indigènes par ce fait que deux individus de cette variété passent depuis plusieurs années l'hiver, en pleine terre et sans abri, dans les beaux jardins de Kew, près Londres. Le *chamœrops Martiana* pourrait aussi résister à l'intempérie de nos hivers, puisqu'on le trouve sur les flancs de l'Himalaya, à 8 et 9,000 pieds au-dessus du niveau de la mer, atteignant ainsi une région où la neige séjourne quelques mois sur la terre. Le *chamœrops palmetto*, de la Louisiane et de la Caroline du Sud, croîtrait aussi parfaitement dans nos jardins méridionaux.

Ces acclimatations, ainsi que celle du *Livistona australis*, comparable par sa haute taille, sa grosseur et l'ampleur de ses feuilles aux plus grands palmiers de l'Inde; celle du *diplothemium Torallii*, gigantesque palmier indiqué par d'Orbigny comme très propre à se naturaliser dans le midi de la France; ces acclimatations, dis-je, seraient d'autant plus utiles qu'il est certain que l'étude de leurs fibres textiles amènerait à de beaux résultats.

Quelques jeunes individus du *jubœa spectabilis*, vulgairement appelé *cocotier du Chili*, sont cultivés, depuis cinq ou six ans, à l'air libre dans le Jardin botanique de Montpellier, où ils ont parfaitement résisté, sans aucun abri, à la neige et à des gelées de 12° au-dessous de zéro qui ont fort maltraité les oliviers. Voilà encore un remarquable exemple d'acclimatation d'un végétal qui peut fournir des fibres textiles dont l'industrie pourrait tirer parti.

On importe en Angleterre, sous le nom de *kittool fibre*, une matière filamenteuse, produit du *palmier caryota*, que l'on trouve dans les jungles du Malabar, du Bengale, d'Assam et de diverses parties de l'Inde, où il se trouve mêlé aux teaks et aux mango-trees sauvages. A Ceylan, on l'appelle *keytul*, d'où est venu par corruption le nom de *kittool*, sous lequel on connaît ces fibres en Europe Son odeur particulière fait présumer que des bains prolongés dans l'huile de coco lui donnent sa flexibilité et son élasticité. Ces fibres sont très fortes; car les Indiens en font de forts câbles dont ils se servent pour garotter les éléphants sauvages, et des cordes dont ils se servent en guise de cordes à boyaux. On trouve à Ceylan trois autres variétés de kittool ; le *kittool gaha* que produit le *caryota urens*, ainsi nommé à cause de la saveur âcre et brûlante de son fruit; le *katu kittool* produit par le *caryota horrida* et le *do talu*, produit par le *caryota mitis*. Le bois de ces divers palmiers est excellent pour solives, chevrons, châssis de fenêtres, etc.; les semences sont utilisées par les Mahométans à faire les chapelets qu'ils égrennent constamment entre leurs doigts.

L'Archipel indien et la Chine possèdent une autre espèce de palmier, l'*Arenga saccharifera*, qui fournit des fibres textiles connues sous le nom de *gomouti*, *ejou*, *laine* ou *baleine végétale*. La base des feuilles donne encore une matière laineuse assez fine pour qu'on l'emploie pour calfater les embarcations, rembourrer les coussins et faire des mèches.

Rumph rapporte, au sujet de cet arbre, un fait remarquable : lorsque les fruits sont mûrs, le suc que contient leur enveloppe charnue cause des démangeaisons insupportables lorsqu'il touche à la peau, et si, par mégarde, on porte ces fruits à la bouche pour les manger, les lèvres s'enflent pendant plusieurs jours avec des douleurs d'autant plus affreuses qu'on n'y connaît point de remède. Profitant de cette découverte, les habitants des Moluques, dans une guerre, se défendirent victorieusement en jetant du haut des murailles, sur leurs ennemis, de l'eau dans laquelle ils avaient fait tremper la chair des fruits. Les malheureux qui la recevaient éprouvaient des démangeaisons si atroces qu'ils devenaient furieux. On donna dès lors à cette liqueur le nom d'*eau infernale*.

L'*Attalea fumifera*, de Martins, autre espèce de palmier, fournit une fibre grossière couleur chocolat, la *piassaba*, qui vient de Bahia et du Brésil. Le *Leopoldinia piassaba*, de Wallace, fournit une qualité bien plus fine, que les habitants de Venezuela nomment *chiquichiqui*. Le tronc de cet arbre atteint une hauteur de six à neuf mètres; les feuilles sont très grandes, et c'est la fibre qui entoure les pétioles qui se divise en une frange oblongue et raide dont la récolte expose les Indiens à la piqûre mortelle d'un parasite venimeux de l'*attalea*, et que l'on consomme dans le pays ou que l'on expédie en Europe en bottes de plusieurs pieds de long, sous le nom de *piassaba* ou *piassava*, ayant une valeur de 925 à 950 fr. la tonne, tandis que le produit de l'*attalea* ne vaut que 425 à 450 fr.

On se sert, dans la marine brésilienne, de cordes de *piassava*, remarquables par leur ténacité et leur légèreté. Ces cordages ont la propriété de flotter sur l'eau et par conséquent sont préférables à ceux de chanvre pour la navigation des rivières.

Les îles du grand Océan Pacifique fournissent aussi, sous le nom de *coir*, *khair* ou *bastain*, des fibres textiles provenant du *coco nucifera*; elles ont à peu près la ténacité du chanvre, et Roxburg les regarde comme la meilleure des matières propres à faire des câbles, à cause de leur grande force de résistance et de leur élasticité.

Elles sont employées dans l'Inde aux mêmes usages, et Yanaou seul en fournit plus de 700,000 kilogrammes par an ; on les cultive, en outre, non-seulement dans les pays chauds, mais aussi en Europe pour la confection des toiles d'emballage et de tapis d'antichambre ou de vestibule, très solides et d'un excellent usage.

Les fibres longues et solides du *sagus filaris* servent, dans la Malaisie, à coudre des vêtements.

Dans l'Afghanistan, on fait des filets et des cordes avec le palmier Maizurrye, le *copernicia cerifera*, les pétioles des feuilles du *borassus flabelliformis*, le *mauritia flexuosa*, etc.

A l'Exposition de 1862, le jury distingua les produits textiles de ce dernier, exposés par MM. Plummer et Mac Clintock, de la Guyane anglaise. Cet arbre, de la famille des palmiers, croît en abondance dans les marais de l'embouchure de l'Orénoque.

A Java, des milliers d'enfants des deux sexes sont occupés à tresser des sacs et des corbeilles très fines avec les jeunes feuilles du *gebang* (*corypha gebanga*) ; une des espèces les plus utiles de l'Inde, le talepot (*corypha umbraculifera*) et le latanier (*latania*) servent à faire des parasols, des chapeaux, des éventails ; mais leurs fibres délicates pourraient servir à des usages plus étendus et être filées pour le tissage des vêtements.

Le dattier (*phœnix dactylifera*) fournit, en outre de ses innombrables fruits, des fibres connues dans le commerce sous le nom de *lifa* ou *bourre du datier*.

Il en est de même des *phœnix acaulis* et *silvestris*, petits palmiers en buissons très communs sur la côte de Coromandel. Enfin, il ne faut pas oublier que c'est avec les feuilles du *taliera tali* que se font les livres Tamouls.

La tribu des Arécées, de la famille des palmiers, si célèbre dans toute la Malaisie et l'Asie orientale par ses fruits appelés *noix d'Arec* (1), fournit aussi dans plusieurs de ses membres des producteurs de filaments utilisables, l'*areca catech*, l'*areca oleracea*, etc.

La collection des produits du Brésil, qui a figuré, en 1855, à l'Exposition, nous a fait connaître une espèce de palmier, le *carnauba*, qui donne onze produits différents : de la cire, dont on fabrique des bougies, du

(1) Les noix d'Arec sont consommées considérablement pour la fabrication du *Bétel*. Ces noix, mêlées avec des feuilles de *Chavica Bettle*, plante grimpante de la famille des Pipéracées, et de la chaux éteinte obtenue en calcinant un coquillage nommé *chuna*, forment un masticatoire appelé par les Européens *Betel* et dont les Orientaux font un usage immodéré. Afsos, écrivain hindou, s'exprime ainsi à propos du Bétel : « Ordinairement les feuilles d'un végétal « sont fraiches tant qu'elles tiennent à la plante ; mais séparez-« les, elles se flétrissent aussitôt; toutefois la feuille du Bétel « fait exception à la règle; hors de sa tige elle acquiert plus de « fraîcheur, et quand elle vieillit, sa fraîcheur augmente. Le roi « et le sujet peuvent faire usage de cette feuille, l'un dans un « vase d'or, l'autre dans un vase de terre; elle réjouit le riche « et console le pauvre; elle prête une beauté nouvelle à la bouche « rosée des vierges aux joues de tulipe; car de même que sans « les lignes du *Missi* (poudre qui teint les dents et les lèvres en « noir), une femme, quelque belle qu'elle soit, ne saurait plaire, « ainsi sans la gomme du Bétel sur les lèvres, toute parure est « jugée insipide. »

Quoiqu'en dise Afsos, qui probablement était un consommateur de cette drogue, la plupart des médecins qui ont habité l'Inde pensent que la faiblesse physique des races indoue et malaise tient en partie à l'abus excessif du Bétel : Beaucoup d'entre eux lui attribuent aussi le mauvais état des dents très commun chez les deux sexes dans toute l'Asie orientale.

café provenant du fruit torréfié, des étoffes, des chapeaux, des tresses, des nattes, des cordes et enfin des objets de bois, coffrets, etc.

Sur le littoral de Madagascar, on retire des feuilles d'une autre variété de palmier (*raphia*) des fibres dont on fabrique des étoffes.

De la famille des palmiers, nous rapprocherons celle des Musacées qui nous fournit dans les divers *bananiers* (*musa textilis*, *paradisiaca*, *sapientium*, etc.) des filasses connues sous le nom d'*abaca*, *Manilla hemp* ou *chanvre de Manille*, dont les qualités sont supérieures à celles du chanvre russe le plus fin.

« Un Indien, sous son bananier et son cocotier, a dit » Bernardin de Saint-Pierre, peut se passer de son voi- » sin. » Le bananier, en effet, ne se contente pas de donner à l'homme la pulpe succulente de ses régimes de bananes avec le vin qu'on en extrait ; il pourrait, avec ses larges feuilles flexibles et longues de deux à trois mètres, lui compléter un habit rudimentaire. Mais un pareil vêtement, qui convient très bien à un sauvage, n'est pas ce que désire l'homme civilisé. Ce dernier, demandant autre chose encore à cette plante, en a tiré 50 0/0 du poids de ses feuilles de filaments capables de former des tissus plus recherchés et moins primitifs.

Humboldt estime que le produit d'un terrain planté de végétaux de la famille des bananiers est quarante-quatre fois supérieur à celui d'un terrain planté en pommes de terre, et, de plus, quand le fruit (qui ici entre seul en ligne de compte) a été récolté, on coupe la plante, et les fibres peuvent se convertir en cordes et en étoffes qui, pour l'usage, soutiennent la concurrence avec les tissus de coton. On estime qu'un hectare de bananiers peut produire 750 kilogrammes de fibres après la récolte des fruits : or, d'après les chiffres du Dr Royle, elles peuvent être préparées au prix de 250 fr. la tonne.

Dès 1844, la mission française en Chine avait rapporté de très belle filasse extraite des fibres du bananier de Java.

On peut juger de la force de ces fibres quand on réfléchit que le pédoncule soutient un poids de régimes qui fait la charge d'un homme : M. Descourtilz, pour s'assurer de sa force de résistance, en ayant coupé une partie, de manière à n'y laisser à peine que deux à trois millimètres d'épaisseur, ce léger tissu fibreux suffit pour soutenir 30 kilogrammes de bananes.

L'*Abaca* des îles Philippines (*musa textilis*) est abondante dans la région volcanique de l'île Luçon et à Mindanac, et vient naturellement dans les régions tropicales. La plante, coupée à l'âge de deux ans et demi, fournit des fibres de divers degrés de finesse. Les indigènes paient leurs impôts et se procurent tous les objets nécessaires à la vie au moyen de la vente de cette fibre dont il n'est importé en Europe que de petites quantités aux prix de 170 à 180 fr. les 100 kilogrammes.

A l'Exposition de 1862, notre colonie de la Guadeloupe avait présenté un échantillon d'*Abaca*.

Les sages de l'île de Ceylan ayant démontré que leur île avait été le siége du paradis terrestre, ils ont cherché à découvrir quel était l'arbre du fruit défendu, et ils l'ont trouvé dans le *Divi Lardner*, arbre de la famille des Apocynées, qui croît à Ceylan et paraît être le

Tabernæmontana dichotoma. La beauté de son fruit et le parfum de ses fleurs avaient de quoi tenter la mère du genre humain, et, d'ailleurs, le fruit porte encore la marque des dents de la première femme; jusqu'alors le fruit était délicieux; mais, aussitôt le péché commis, il devint vénéneux et depuis il est toujours demeuré tel.

Quoiqu'il en soit de cette légende, le *Divi Lardner* fournit des fibres extrêmement ténues, ainsi que *l'Apocynum cannabinum*, de la même famille, dont les fibres portent le nom de *chanvre indien.*

Les Artocarpées, en Polynésie, fournissent dans le liber du *Jaquier* (*artocarpus integrifolia*) et dans celui de l'*arbre à pain* ou *Ti* de la Nouvelle-Zélande (*artocarpus incisa*), des fibres flexibles dont les indigènes fabriquent des tissus. La filasse obtenue est blanche quand elle est préparée à l'eau froide, et jaune si on emploie l'eau chaude. Le *Trophis aspera* donne aussi des fibres fort solides qu'on pourrait utiliser, et dans la Malaisie on fait des sacs avec l'écorce d'une espèce d'*Antiaris* à laquelle Nummo a donné le nom de *Lepurandra saccidora.* Voici comment les Malais procèdent à cette fabrication : ils choisissent une branche de la longueur et du diamètre du sac qu'ils désirent; ils la coupent, puis après l'avoir mouillée, ils la battent à coups de maillet jusqu'à ce que la fibre se sépare du bois. Cela fait, ils retournent le sac formé par l'écorce le dedans en dehors, jusqu'à ce qu'ils arrivent à l'endroit du trait de scie, à l'exception d'un petit morceau de bois qu'on laisse pour former le fond du sac : cet arbre, quoique de la même variété que l'*Antiaris toxicaria*, dont la gomme-résine fournit le redoutable poison *Upas antiar*, dont les insulaires de Java et de Bornéo se servent pour empoisonner leurs flèches, cet arbre, dis-je, ne possède pas trace de propriétés vénéneuses.

Le *Bromelia ananas*, de la famille des Bromeliacées, nous donne, en outre de son fruit sans rival pour la saveur et l'arôme, 25 à 40 0/0 de son poids de fibres dont on fabrique, sous l'Équateur et dans l'Inde, une mousseline très fine que les Hindous nomment Talli-Nanas. Les fibres du *Gravatha* (*Bromelia sativa*) sont appelées au Brésil *Pigna* ou *Pina* et servent à fabriquer des cordages. Depuis l'Exposition de 1851, où cette fibre avait attiré l'attention des hommes compétents, des expériences ont été faites dans l'arsenal de Calcutta et ont prouvé l'énergique force de résistance de la fibre d'ananas Un câble de huit centimètres de circonférence ne s'est rompu que sous une traction de 2,850 kilogrammes.

On connaît dans le commerce, sous le nom de *mousse espagnole, mousse de la Nouvelle-Orléans*, les longs filaments de la *Tillandsia usneoïdes*. Cette liane se suspend aux arbres des forêts de l'Amérique tropicale, et quand elle est desséchée, elle ressemble à une longue barbe grise, ce qui lui a fait donner aussi le nom de *barbe espagnole* ou *caragate*.

Divers *Arumus* sont aussi employés pour leur fibres textiles et, entres autres, quelques espèces de *Baladium* (*bicolor*, *pœcile* et *violacea*) connues dans les Indes sous le nom de *Mocou-Mocou*.

La famille des légumineuses qui fournit déjà à l'homme une si grande variété dans son alimentation, lui donne aussi dans quelques-uns de ses membres des fibres qu'il pourrait utiliser pour se vêtir. La *Crotalaire junciforme* (*Crotalaria juncea*), appelée dans l'Inde *Sun*, *Shunun Taag*, donne une fibre nommée *chanvre du Bengale*, avec laquelle on fabrique des sacs et des toiles à voiles : l'*æschinomœne cannabina* fournit encore une fibre excellente nommée *Dunsha* par les Bengaliens (1). Dans le Moorshidabad, on fabrique aussi des cordages avec la fibre des *Butea frondosa* que les habitants appellent *Pulas*. Le *Spartier* (*spartium junceum*), vulgairement appelé *Genêt d'Espagne*, donne une filasse que les paysans dans le midi de la France utilisent pour fabriquer des draps, des chemises, de la toile ; toutes les terres arides en sont couvertes : les habitants des environs de Lodève n'emploient guère d'autre linge. En Italie, certaines eaux thermales sont renommées pour le rouissage de cette plante qui est employée aux mêmes usages ; aussi les habitants du Mont-Cassiano font rouir pendant trois ou quatre jours les genêts dans les eaux chaudes qui sourdent en beaucoup d'endroits dans leur montagne ; puis ils en prennent un ou deux brins à la fois qu'ils tiennent à fleur d'eau, et, avec une pierre tranchante ou un fragment de verre, ils en râclent l'écorce qu'ils réunissent en paquets. Quand cette filasse est sèche, ils la battent ; le duvet cotonneux qui s'en sépare sert à rembourrer des oreillers ; ils peignent la filasse, la filent et en font une toile qui se teint très bien. Déjà, au reste, quelques siècles avant J.-C., les Grecs, les Romains et les

(1) C'est avec une autre variété l'*Œschinomœne paludosa* que l'on fabrique le *papier de riz*. On le prépare en découpant a moëlle en feuilles minces.

Carthaginois se servaient de cette matière textile pour fabriquer les voiles de leurs vaisseaux.

Certains *Bauhinia* (*racemosa*, *reticulata*, *parviflora*, *etc.*) ont une écorce fibreuse dont on se sert au Sénégal pour faire des cordages ; il en est de même du *Parkinsonia aculeata* (1).

La Chine produit aussi sous le nom de *Lo-ma* et de *Ko* des fibres qui sont le produit des fanes des *Dolichos bulbosus* et *tuberosus* dont les habitants du Céleste-Empire mangent les tubercules féculents.

En rapprochant des légumineuses la famille des Graminées, nous trouvons tout ce qui, en Europe, est utilisé dans la confection des ouvrages dite de *Sparterie* :

Le *Spart* ou *Sparte* (*Lygœum spartum*), vulgairement appelé *Auffe*, dont les anciens faisaient de magnifiques cordages. M. J. Dehan a proposé il y a quelques années d'extraire par voie chimique les fibres de cette plante que l'on trouve en abondance dans l'Algérie et sur tout le littoral méditerranéen. Recueilli, en effet, en août sur les montagnes sablonneuse et incultes de ces contrées, le Sparte est soumis pendant six heures à l'ébullition dans un bain de sel marin et de potasse, dans le

(1) Le bois de cet arbre qui est d'un beau rouge est assez dur pour que les Européens l'aient surnommé *Bois-de-Fer*. Les indigènes de l'Afrique ont observé que le *Bauhinia* est plus souvent frappé de la foudre que les autres arbres et ils vous avertissent de ne pas rechercher son abri pendant l'orage, parce que, disent-ils, les éclairs les détestent. Par contre, ils n'ont jamais vu le tonnerre tomber sur le Morala qui porte sur ses branches trois épines opposées. La confiance que cet arbre inspire dans le pays, comme préservatif contre la foudre, s'étend jusqu'à la province d'Angola où les Portugais mettent sur leurs maisons des branches de Morala en guise de paratonnerre.

rapport d'une partie de potasse pour deux et demie de sel, puis à l'action d'une presse à cylindre ; après ces deux opérations, M. Dehan traitait les fibres comme du lin ou du chanvre rouis.

L'*Esparto* espagnol produit par les *Macrochloa tenacissima* (*stipa tenacissima*) et qui sert en Espagne et en Barbarie à faire des cordes. La consommation qu'on en fait pour cet usage est énorme; le bon marché des câbles préparés avec cette plante fait qu'on les préfère à ceux de chanvre, quoiqu'ils soient moins forts et moins durables. Aux environs de Marseille, il existe des moulins qui le battent et le réduisent en petits filaments après un léger rouissage dans la mer.

Pline a décrit cette plante tout au long sous le nom de *Spartum*; il l'annonce comme originaire de l'Afrique et comme employée depuis très longtemps par les Carthaginois à peu près aux mêmes usages auxquels elle est encore employée aujourd'hui.

M. J. Dehan a proposé aussi l'emploi de ces fibres en faisant subir à la plante une opération chimique peu différente de celle qu'il employait pour le *lygœum spartum*. On fait macérer les tiges pendant six heures dans de l'eau bouillante contenant 5 % de son poids de potasse d'Amérique, puis un teillage et un sérançage font atteindre à la fibre un degré de finesse plus ou moins grand; enfin le produit reste plongé trois ou quatre heures dans de l'acide azotique étendu de trois fois d'eau, et un lavage à l'eau courante enlève l'acide après ces opérations les fibres sont traitées comme celles du lin ou du chanvre.

Il s'était formé en 1854, sous le nom d'*Alphasienne*, une Société, dont le siége était à Courbevoie près Paris, pour l'exploitation du Spart, appelé Alfa en Algérie, mais l'abondance des cotons fit tomber l'affaire ; la disette aurait pu la ressusciter.

Les *Bambous*, qui se rattachent à la famille des Graminées, fournissent aussi dans leurs écorces de 30 à 50 % de fibres susceptibles d'êtres tissées, et c'est avec un bambou (*Arundo festicoïdes*) que les Arabes du Sahara fabriquent leur *Diss*.

Les Bambous pourraient devenir, dans le midi de la France, une source de richesse et de bien-être ; car, placés dans des circonstances favorables, ils croissent avec une rapidité extraordinaire. Neumann, jardinier en chef des serres du Muséum, à Paris, ayant supprimé un vieux bambou auquel il ne laissa qu'un seul rejeton dont il eut soin de favoriser la croissance par tous les moyens possibles, la jeune tige s'éleva de 14 mètres en quarante jours, soit à raison de 35 centimètres par jour : elle croissait, pour ainsi dire, à vue d'œil. L'acclimatation tentée sur quelques espèces, dans nos contrées méridionales et en Algérie, a parfaitement réussi, et l'on pourrait ainsi ajouter aux *roseaux à quenouille* (*donax arundinaceus*), à la *canne de Ravennes* (*saccharum Ravennæ*, etc.), plusieurs variétés magnifiques, entre autres le *Bambou arundinaria*, le *Bambou du nord de la Chine*, etc.

Le moyen le plus certain et le moins dispendieux pour propager cette dernière espèce serait d'enterrer des bouts de racines dans des tranchées d'un pied de profondeur, sur les flancs des collines, dans des terrains secs et les moins exposés qu'il sera possible aux vents du nord. On n'aura d'autres soins à leur donner, les deux premières années, que des sarclages qui empêcheront l'envahissement des grandes herbes qui étoufferaient les légers buissons de bambous; mais dès le printemps de la troisième année, les véritables tiges de bambous sortiront et fourniront au planteur ces jets que l'on paie en Chine jusqu'à 13 fr. chacun.

Le jardin chinois de l'Exposition permettra d'apprécier cet arbuste phénoménal qui présente une autre particularité fort intéressante en ce qu'il pousse beaucoup plus vite pendant la nuit que pendant le jour.

Dans ces dernières années, le midi de la France a vu l'acclimatation des *Bambous nigra*, *mitis* et *verticellata* passer à l'état de fait accompli, ainsi que celle du *bambou de l'Himalaya*.

J'extrais d'un mémoire lu à la Société de climatologie algérienne par M. Lafon de Caudaval, les renseignements suivants sur le *Diss* des Arabes, dont les étoupes et le papier valurent à l'auteur, aux Expositions de 1855 et 1860, une mention honorable, et à celle de 1862, une médaille d'honneur.

Cette plante croît spontanément et sans culture sur toute l'étendue du sol algérien, et principalement sur tout le littoral et dans les endroits secs et arides où jamais la charrue n'ira la détruire. Sa production, assez considérable pour permettre de faire deux récoltes par an, pourrait combler la lacune que laisse le manque de chiffons dans les papeteries de l'Europe, évaluée à 25 millions de quintaux, ce qui, à 6 fr. 50 c., prix de la plante brute, constituerait une exportation, en n'important que la moitié de cette lacune, de 84,250,000 fr., et à 13 fr. 50 c., prix de l'étoupe, de 168,750,000 fr.; à ce dernier prix, le papier à journaux se vend de 100 à 110 fr., avec la différence en faveur du papier du Diss de ne pas se déchirer comme celui provenant du chiffon.

En effet, par la séparation de ses différents éléments, d'après les expériences faites en grand (3,000 kilog. de Diss) par des chimistes et des fabricants de papier, on retire de cette graminée :

1° Filaments textiles . . .	84 0/0	90 1/2 0/0
2° Gluten propre à l'alimentation comme tapioca. .	6 1/2 0/0	
3° Eau et parties herbiacées		9 1/2 0/0
		100 » 0/0

Les filaments ont été reconnus susceptibles de quatre applications :

1° Etoupe ou pâte à papier ;

2° Toile à emballage ;

3° Cordages pour les puisatiers et pour les fourrages ;

4° Crin végétal ayant la propriété de repousser les mites.

De plus, le gluten a été trouvé propre à l'alimentation comme un tapioca délicieux; le Diss fournit un ergot médicamenteux ; enfin, avec le plumet ou épi de Diss, on fabrique les chapeaux de soie.

Que l'on expédie le Diss aux fabricants de papier, en nature ou en étoupes, ils devront traiter cette matière par les mêmes procédés et de la même manière que pour les chiffons.

Si l'on veut extraire, en Algérie, l'étoupe du Diss et l'expédier aux papeteries comme chiffons, le meilleur système pour aller vite et à bon marché est celui des laminoirs, qui dispense du rouissage ; il en faut trois : le premier composé de deux cylindres cannelés parallèlement à leur axe, le deuxième avec cannelure croisée, le troisième à cylindres unis.

Dans cette disposition, on comprend facilement que l'effet du premier laminoir sera de rompre et d'écraser la plante ; que l'effet du deuxième sera, non-seulement d'écarter encore, mais d'écarter les fibres les unes des autres, en les étirant même par l'opposition des cannelures entre elles ; que l'effet, enfin, du troisième laminoir uni sera de parfaire l'œuvre de la désagrégation.

La plante, ainsi broyée, sera immédiatement pressée pour en extraire le gluten ; on la jettera dans des bassins pour y être soumise, pendant trois à quatre jours, à un premier bain d'eau de chaux, puis, pendant le même laps de temps, à un deuxième bain d'eau acidulée.

Cette opération a pour but d'augmenter encore la désagrégation des fibres. En effet, l'acide sulfurique ayant pour la soude une affinité supérieure à celle de l'acide carbonique, s'en empare pour former un sulfate de soude ; de là dégagement d'acide carbonique qui, en s'échappant, exerce sur les fibres une sorte d'action mécanique en vertu de sa force élastique, de manière à les séparer les unes des autres. Sensible même au microscope, cette action mécanique se manifeste par bulles ou par zones qui, en s'élargissant presque à vue d'œil, déchirent et divisent les fils comme par arrachement.

Après cette macération de huit jours, dont l'effet sera non-seulement de désagréger les fils de la plante, mais d'en détacher le restant du gluten, la filasse devra être battue à grandes eaux dans un tambour mécanique ou tonneau roulant avec des boulets.

Voici maintenant, par ce procédé et avec une force de vingt-cinq chevaux faisant marcher trois jeux de laminoirs par usine, quelle serait la quantité d'étoupes que l'on obtiendrait par an :

La moyenne de la longueur du Diss étant de 1 m. 50 et la circonférence des laminoirs étant de 50 c., ces derniers feront trois tours par poignée de 1 kil. 1/2 par cinq secondes au plus, tenant même compte de la part du temps d'arrêt, soit 18 kil. par minute, 1,080 kil. par heure, 21,600 kil. par jour de vingt heures ; pour l'année de trois cents jours, 6,480,000 kil., et avec trois jeux de laminoirs, 19,440,000 kil. de matière brute par usine, qui, lavée et séchée, produirait 5,000,000 kil. d'étoupes dont le prix de revient ne dépasserait pas 11 fr. les 100 kil.

En résumé, que le Diss soit appelé à combler la lacune que laisse le chiffon, pouvant fournir six fois plus, ou pour y entrer concurremment avec cette matière première pour une part plus ou moins grande, il est constant que le Diss, en rendant un grand service à la papeterie, constituera pour l'Algérie un élément nouveau de richesse.

A la Jamaïque, des expériences pour broyer le Bambou par des machines ont très bien réussi et on se dispose à établir plusieurs moulins pour cette opération dans différentes parties de l'île. Les Etats-Unis accaparent presque tout le produit de la fabrication actuelle dont la valeur n'est pas estimée à moins de trois millions de francs.

M. Paul Champson donne, dans le *Bulletin de la Société d'acclimatation*, des détails sur les cordes en bambou dont les Chinois se servent dans la navigation. Pour les faire, ils fendent longitudinalement la partie du bois qui touche à la superficie du bambou et détachent des lames de 4 à 5 mètres de long ayant une largeur de 2 à 3 centimètres sur 2 millimètres d'épaisseur.

L'opération de la torsion se pratique ensuite en formant une tresse ronde ayant seulement huit à dix brins que l'ouvrier serre, en employant des coins en bois qui lui servent aussi à fabriquer le trou dans lequel il introduit le bout des lames nouvelles qu'il emploie pour rendre la corde plus longue. A mesure que la tresse arrive à terre, on l'enroule afin de lui donner une longueur convenable.

Les cordes de Bambou ainsi préparées sont raides et peu flexibles ; aussi les place-t-on dans une chaudière de bois dont le fond est en fonte et qui est placé sur un fourneau. On verse ensuite dans la chaudière de l'eau, on y jette de la chaux et on chauffe pendant cinq à six heures consécutives. La corde est alors devenue flexible et a pris une teinte brune qu'elle garde toujours. Elle possède une force de résistance considérable et remplace avec économie les câbles européens.

Les Typhacées se rapprochent beaucoup des bambous. Parmi les plantes de cette famille, les *Massettes* (*Typha angustifolia*, *latifolia*, etc.), vulgairement appelées *roseau de la Passion*, *roseau des étangs*, *masse d'eau*, *chandelle*, etc., fournissent dans leurs feuilles une matière excellente pour la confection des nattes et paillassons : l'aigrette qui accompagne les fleurs a été filée et des tissus ont été obtenus avec les fils ainsi obtenus.

La famille des Cypéracées se rattache aussi un peu aux bambous. Le *Scirpe des étangs (scirpus lacustris)*, vulgairement appelé *jonc d'eau*, l'*Eriophorum*, connu communément sous le nom de *linaigrette*, *lin des pauvres*, *herbe à coton*, ont servi à faire du papier et des mèches. Les Hindous se servent dans l'Himalaya, sous le nom de *Bahbhur*, d'une autre variété (*Eriophorum comosum* ou *cannabinum*) pour faire des cordes.

Le *Papyrus* des bords du Nil (*papyrus antiquorum*) dont les anciens faisaient des nattes, des voiles, des cordes et surtout du papier, appartient à la même famille. En Syrie cette plante est nommée *Babir* et est décrite par les auteurs arabes sous le nom de *Fafir* et de *Burd*; le *Papyrus corymbosus* est usité aussi aux Indes pour fabriquer des tissus; on emploie de même dans ce pays, sous le nom de *Bora* et *Tounghi*, les fibres du *Cyperus textilis*.

La section des Tubuliflores de la famille des Composées nous fournit encore la *Ptarmica vulgaris*, qui figure dans nos jardins sous le nom de *bouton d'argent* et que l'on appelle aussi quelquefois *lin sauvage*, à cause de la ténacité des fibres de sa tige.

Le *Bident trifolié* (*Bidens tripartita*), vulgairement appelé *chanvre d'eau* ou *chanvre aquatique*; l'*Eupatoire d'Avicennes* ou *Eupatoire chanvrine* (*Eupatorium cannabinum*), plante fort commune dans tous les marais de l'Europe.

La famille des Moracées fournit le *Papyrier* (*Broussonetia papyrifera*) qui, au Japon et dans plusieurs contrées de l'Inde, a les mêmes usages que le papyrus précédemment cité. M. Stanislas Julien, dans sa traduction du *Tyen Koug-Kai-we* a indiqué à l'industrie européenne les procédés que les Chinois emploient pour la fabrication du papier avec cette matière textile, mais les indigènes de la Nouvelle-Zélande en font une sorte d'étoffe non tissée qu'ils emploient en guise de vêtements. Pour cela ils divisent cette écorce en lanières qu'ils font macérer dans l'eau courante ; après quoi ils râclent l'épiderme et le parenchyme sur une table de bois. Pendant l'opération, ils plongent souvent ces lanières dans l'eau pour les nettoyer. Ensuite ils placent sur une autre planche plusieurs de ces lanières encore humides de manière qu'elles se touchent par les bords ; puis ils en appliquent deux ou trois couches par dessus en ayant soin qu'elles aient partout une égale épaisseur ; au bout de vingt-quatre heures, ces lanières adhèrent ensemble et forment une seule pièce, alors ils posent celle-ci sur une table bien polie et la battent avec de petits maillets de bois dont chaque face est sillonnée de rainures de différentes largeurs ; l'écorce s'étend et s'amincit sous les coups du maillet et l'impression des rainures lui donne l'apparence du tissu. Ces sortes d'étoffes blanchissent à l'air, mais ce n'est guère qu'après avoir été lavées et battues plusieurs fois qu'elles acquièrent toute la souplesse et toute la blancheur qu'elles peuvent atteindre.

L'écorce du *Mûrier noir* (*morus nigra*), fournit, après un rouissage semblable à celui que l'on fait subir au lin et au chanvre, des cordes excellentes. Quoique connue depuis très longtemps dans l'Asie mineure, la Grèce et l'Italie, on croit cette espèce originaire de la Perse ; c'est probablement de cet arbre que parle Théophraste sous le nom grec *sucaminon*; c'est de lui dont il est question dans la fable de Pyrame et Thisbé si élégamment racontée par Ovide, et dans la satyre d'Horace, où Catius dit que pour se bien porter, il faut manger des mûres à la fin du repas après les avoir cueillies à la fraîcheur du matin.

. . . . Ille salubres
Œstates peraget, qui nigris prandia moris
Finiet, ante gravem quæ legerit arbore solem.
(Lib. II, sat. 4, v. 21.)

Le *Mûrier blanc* (*morus alba*) se rapproche beaucoup de la précédente variété; mais il est bien plus employé. Originaire de la Chine, où ses feuilles servaient dans la nuit des temps à la nourriture des vers à soie, il fut transporté dans l'Inde et la Perse pour les mêmes usages.

Sous Justinien, des moines apportèrent en Grèce les semences du mûrier avec les œufs de vers à soie; mais ce ne fut qu'au commencement du XVe siècle que l'on cultiva cet arbre en Sicile et en Italie. En 1494, Guy Pape de Saint-Alban qui avait suivi Charles VIII dans son expédition d'Italie, transporta le premier mûrier blanc en France et le planta dans son domaine seigneurial d'Allan, près Montélimart. Il le fit respecter en l'entourant d'un mur. M. Fauges de Saint-Fond, rapporte dans une lettre en date du 26 nivôse an X, qu'à cette époque ce mûrier était encore sur pied; ses grands bras étaient maigres et caducs et son tronc était séparé en trois parties, mais à chaque printemps il se couvrait de feuilles et de fruits, malgré tous les hivers qu'il avait traversés. Il a été abattu vers 1820.

Grâce à la protection d'Henri II, Henri IV et de Colbert, la Provence, le Languedoc, le Vivarais, le Dauphiné, la Gascogne, etc., furent peuplés de ces innombrables mûriers dont les feuilles sont la nourriture de ce ver qui fournit à l'industrie lyonnaise ces fils si déliés qu'elle transforme en tissus merveilleux.

Mais le mûrier contient une autre richesse ; son écorce rouie et préparée peut être convertie en toile. Depuis longtemps on savait qu'elle peut fournir des cordes, et c'est pour cet usage qu'Olivier de Serres en avait fait sécher au haut de sa maison, quand un coup de vent jeta ses écorces dans une mare bourbeuse. On ne les en retira que quelques jours après; mais quand elles furent lavées, séchées et battues, elles offrirent des fils aussi délicats que ceux de la soie ou du lin ; ayant été travaillés comme ceux de cette dernière, on en fabriqua de bonne toile. Cet éminent agronome fit même tailler un habillement complet pour Henri IV avec une étoffe provenant de la filasse qu'il avait obtenue de l'écorce du mûrier. Olivier de Serres proposait en conséquence d'employer à cet usage l'écorce des branches superflues que l'on coupe, lorsqu'on élague les mûriers, les jeunes rameaux donnant, au reste, une filasse plus déliée que les branches ; aussi François de Neufchâteau a-t-il pu mettre sous le portrait de l'éminent agronome :

> Grâce à toi du Mûrier et l'écorce et la feuille.
> Enrichissent deux fois celui qui les recueille.

Dans ces derniers temps, MM. Duponchel et Junior Cambon ont tenté cette fabrication, mais c'est à M. Cabanis que l'on doit la préparation des fils très beaux, très blancs et d'une bonne résistance qu'il a nommée *soie du mûrier*.

Une mention honorable à l'Exposition de Londres a été accordée à ce produit.

J'extrais d'une brochure publiée par ce dernier quelques détails sur ses expériences :

« Dans tous les pays où croît le mûrier, aussitôt qu'on a fait la récolte des feuilles pour l'éducation des vers à soie, toutes les pousses sont coupées et brûlées. Le bois est à peu près sans valeur ; s'il fallait lui en fixer une, ce serait 1 fr. 25 les 100 kilogrammes comme pour les sarments de vigne.

« Avant de brûler ces pousses, si on en retirait le filament qui se trouve entre la grosse écorce et le bois, cette opération, loin d'altérer la valeur première, lui en donnerait une supérieure ; le décorticage serait un nouvel élément de travail dont la valeur, fixée provisoirement à 2 fr. 50 par 100 kilogrammes, viendrait pour chaque localité s'ajouter à celle du bois. On peut également ajouter une somme de 5 fr. par 100 kilogrammes pour l'expédition de cette étoupe de son lieu de production à Paris ou dans l'établissement central où elle devrait subir une première préparation. En nous en tenant à ces seules données, on voit que le gaspillage des brindilles du mûrier, à raison de 15 millions de kilogrammes par an, fait déjà éprouver aux localités où se cultive cet arbre et à l'industrie des transports une perte qui n'est pas moindre de 12 à 1,500,000 fr. par an.

« Une fois ce décorticage et le filament mis de côté, les résidus de l'écorce serviraient à leur tour de matière première à la fabrication du papier. Sans avoir la prétention de déterminer d'une manière définitive les procédés industriels qui seront employés pour tirer parti de ces écorces, procédés qui varieront et se modifieront dès que la fabrication du papier se sera enrichie de cette nouvelle matière première, nous pouvons cependant dès-à-présent donner quelques explications sur les premiers procédés que ces écorces auront à subir, ainsi que sur la somme de travail et de produits qu'elles créeront.

« 1° On commencera par les mettre en chaudière pour les faire bouillir pendant quelques heures avec une préparation alcaline destinée à en dégager toutes les impuretés. Une fois cette opération faite, ces écorces seraient souples, blanches et propres à être livrées aux papeteries comme pâte à papier, sans qu'il soit besoin de les trier, griller ou effiler. La dépense de cette première opération serait d'environ 5 fr. par 100 kilogrammes, et la matière qui en serait l'objet aurait une valeur de 25 à 40 fr. les 100 kilogrammes, ce qui est à peu près le prix des chiffons non préparés.

« 2° En soumettant cette pâte à des opérations successives de lessivages alcalins, de lavage à grande eau, de bains dans de légers acides, on arriverait à une pâte parfaite pouvant servir à la fabrication des plus beaux papiers. Le prix de cette pâte ne serait pas moindre de 40 à 80 fr. les 100 kilogrammes, prix des beaux chiffons. Cette pâte aurait sur les chiffons l'avantage de pouvoir entrer en fabrication sans avoir à subir aucun déchet. En outre, pour obtenir cette pâte, les dépenses à faire sur la matière première seraient peut-être moindre du dixième de la plus-value obtenue. En restant dans la limite de 15 millions de kilogrammes, on voit que la transformation de ces écorces en pâte à fabriquer le papier représente déjà une valeur de 12 millions de francs.

« Au lieu d'être réduites en pâte, ces écorces après avoir subi la première des opérations que nous venons d'indiquer, sont susceptibles d'être conservées à l'état filamenteux. Après avoir bouilli en chaudière pendant plusieurs heures et s'y être dégagées de toute matière impure et étrangère, ces écorces n'ont presque rien perdu de la longueur de leurs fibres. Une fois dégagées complètement des matières gommeuses qui peuvent s'y trouver, elles sont ensuite propres aux opérations du peignage et du cardage.

« Ces écorces seraient-elles réduites à l'état filamenteux, c'est-à-dire propres à être livrées au peignage et au cardage pour moins de 17 fr. 50 les 100 kilogrammes, voici maintenant ce qu'on retirerait de ces 100 kilogrammes d'étoupe bien préparée : un kilogramme de soie de qualité supérieure valant 20 fr., 2 kilogrammes de soie de qualité moins belle valant 20 fr. les deux ; enfin, 2 kilogrammes de qualité inférieure valant 10 fr. les deux, soit 50 fr. pour 5 kilogrammes ; ces quantités et leur valeur sont estimées beaucoup plus bas que d'après nos expériences personnelles nous serions autorisé à le faire. Quant aux 95 autres kilogrammes, les sortes et les prix en seraient fort inférieurs, sans cependant donner en moyenne un produit moindre de 50 fr., déchet compris. »

Les Malvacées fournissent encore, outre les *Gossypium* qui donnent le coton, les fils de très bonne qualité que l'on extrait des divers *hibiscus*, et auxquels on a donné le nom de *chanvre de Bombay*. Il en est de même de l'*Urena lobata*, de la *Mauve crépue*, d'une espèce d'*Althœa*, appelée pour cette raison *cannabina*, du *Paradium elatum* et du *Lavetera arborea*, dont on se sert pour la fabrication d'excellents cordages.

Les Indes nous fournissent encore sous le nom de *Baquoi* ou *Vacoua* des fibres produites par les feuilles du *Pandanus* (*utilis*, *edulis*, *volubilis*, *candelabrum*, *odoratissimum*, etc.), de la famille des Pandanées. Les Aborigènes confectionnent avec cette filasse une toile pour leurs *ponchos*, espèce d'étoffe qui sert à les vêtir et qui est percée au centre comme une chasuble, leurs *Maros*, espèce de jupon court, et des *pros* ou pirogues. A la Réunion, on fabrique par an, avec le Vacoua, plus de 3 millions de sacs, que l'on vend de 45 à 65 centimes pièce, pour servir au transport du sucre et du café.

Le *Carludovica palmata*, connu vulgairement sous le nom de *Bombanaxa* dans le Haut-Pérou, l'Equateur et la Nouvelle-Grenade, est encore de la même famille, et de ses feuilles on tire des tiges flexibles dont on fabrique les chapeaux connus sous le noms de *Panamas* ; mais dans le pays, traitées d'une manière particulière, les habitants en confectionnent des tissus très légers.

Les tiges tenaces et filamenteuses de quelques espèces de Restiacées sont employées dans l'Afrique centrale et la Nouvelle-Hollande. Les voyageurs citent, entre autres, le *Wildenowia teres* et le *Restio tectorum*.

A Madagascar, les écorces de la *Gnidia daphnoïdes* et des *Daïs madagascariensis* de la famille des Thymélées, servent à fabriquer des cordes. Au Népaul et en Chine, on utilise à cet usage l'écorce des *Daphne cholua* et *cannabina*.

L'écorce intérieure du *Laget* (*Lagetta lintearia*), quand elle a été macérée et étendue, présente un réseau semblable à une grossière dentelle d'où le nom de *Bois-Dentelle*, donné à cet arbuste. Les fibres servent à fabriquer des cordages connus sous le nom de *daguilla*,

Le genre Bombax, de la famille des Sterculiacées, fournit des graines qui sont entourées de longs poils analogues au coton. Ainsi, le *Bombax ceiba*, appelé *Cotonnier* aux Etats-Unis, fournit un duvet que jusqu'alors on n'a pas pu tisser, parce qu'on n'a pas le moyen de faire adhérer les filaments entre eux. Aussi ces fibres ne sont-elles employées que pour remplir les coussins, oreillers, édredons, matelas, etc.

Le *Sterculia caribœa*, appelé *Mahagua* à la Trinité, donne une fibre qui pourrait être utilisée. La Nouvelle-Calédonie avait exposé en 1862, à Londres, des fibres textiles provenant de cet arbre qu'on trouve en si grande quantité sur les rivages. Le *Quéchot* en fournit aussi dont les naturels du pays font des filets. Le *Chorisia speciosa* fournit une matière à laquelle on a donné le nom de *soie végétale*. L'*Eriodendron gossypium*, vulgairement appelé dans l'Inde *Arbre à coton* et *Gossampin*, est ussi utilisé dans ce pays à cet usage, ainsi que les duvets de l'*Ochroma lagopus* ou *Bois de liége* et de l'*Adansonia digitata* ou *Baobab*, cet arbre gigantesque dont le tronc acquiert jusqu'à 30 mètres de circonférence. Adanson qui observa de magnifiques spécimens de cette espèce ne leur attribuait pas moins de 6000 ans. En ce cas, ils eussent été, suivant la Genèse, contemporains du premier homme.

D'après les renseignements du Dr Livingston, les

indigènes de l'Afrique centrale font avec les fibres de l'écorce du Baobab des cordes très solides. A cet effet, ils le dépouillent jusqu'à la hauteur qu'ils peuvent atteindre. Cette opération qui ferait mourir la plupart des arbres d'une espèce différente n'a d'autre résultat pour le Baobab que de le forcer à produire une nouvelle écorce qu'il forme par voie de granulation.

Le *Pindaïba* de Rio-Janeiro (*Xylopia sericea*) de la famille des Anonées. dont le fruit remplace dans ce pays le poivre, fournit encore dans son écorce flexible des fibres que l'on sépare facilement et dont on fait d'excellents cordages.

La famille des Byttnériacées qui renferme le *Cacaoyer* (*Theobroma cacao*), dont les fruits forment la base du chocolat, contient aussi plusieurs espèces dont les écorces donnent des fibres très résistantes ; la *Microlœna spectabilis*, la *Dombeya umbellata* et l'*Abroma augustum*, sont surtout fort propres à cet usage. A Madagascar, on fabrique de superbes cordages avec le premier.

A la famille des Lecythidées appartient l'arbre le plus colossal des forêts du Brésil, le *Lecyttis ollaria*, vulgairement appelé dans ce pays *sapucaya* ; son écorce se sépare par un battage prolongé en une multitude de couches distinctes qui offrent l'aspect d'un papier fin satiné et dont on peut extraire des fibres extrêmement déliées. Le *Lecythis grandiflora* ou *Marmite du singe* possède la même propriété.

L'*Asclepias*, improprement appelée *Syriaca*, puisqu'elle est originaire de l'Amérique du Nord, et qui a donné son nom à la famille des Asclépiadacées, fournit une ouate soyeuse dont on a fabriqué divers tissus. Cette plante, à laquelle ses propriétés éminemment textiles ont fait donner le nom de *Coton sauvage*, *Herbe à soie*, *Herbe à ouate*, avait fixé l'attention des industriels, il y a près d'un siècle ; car, nous lisons dans un ouvrage imprimé en 1780, qu'un M. Scheiber, bailli de Leignitz, avait établi dans cette ville une manufacture où l'on confectionnait des tissus solides et très beaux pour bonneterie. Dans un autre livre de la même époque, renfermant des compilations technologiques, on trouve la note suivante : « Avec la soie végétale de l'Asclepias seule ou avec une addition de coton, de laine fine ou de filoselle, on peut faire des tissus solides d'une beauté remarquable.

La Société industrielle de Mulhouse avait proposé un prix pour l'acclimatation de cette plante en Alsace, et les essais de filature que l'on avait faits soit sur le duvet qui surmonte les graines, soit sur les tiges de cette plante, avaient parfaitement bien réussi.

La famille des Asclépiadacées renferme encore d'autres plantes qui pourraient être utilisées à cet usage. A Pénang, le *Cynanchum ovalifolium*, en outre de son caoutchouc d'excellente qualité, donne des fibres très tenaces. Boxburg affirme que celles de la *Marsdenia tenacissima* sont les plus solides qu'il connaisse, et les montagnards de Radjmahl s'en servent même pour fabriquer la corde de leurs arcs. D'après Wight, les fibres des *Calotropis gigantea* et *procera*, connus sous le nom de *Yercum caoutchouc*, l'emportent encore de beaucoup par leur résistance. Ces plantes qui prospèrent dans les lieux les plus arides seraient aisément cultivées dans les Calabres, en Sicile, en Sardaigne, c'est-à-dire dans tous les lieux qu'une sécheresse habituelle condamne à la stérilité. L'*Orthantera viminea* est également remarquable par la longueur et la ténacité de ses fibres.

Le Dr Livingston a vu les naturels de l'Afrique centrale employer les fibres du *Bouazé*, plante inconnue des botanistes, pour composer de petites cordes sur lesquelles leur barbe est enroulée ; le fil du Bouazé est d'une telle résistance qu'on peut la considérer au moins égale à celle de la corde à violon ; on se couperait les doigts plutôt que de parvenir à le rompre.

M. de Pannewitz, inspecteur des eaux et forêts de Prusse, prétendit retirer des feuilles du *Pin sylvestre* (*pinus silvestris*) une matière filamenteuse qui pouvait, disait-il, remplacer le coton et surtout la laine et qu'il appela *Hotzwoll* ou *Laine de bois*. En 1855, à l'Exposition, on voyait déjà de la bonneterie en laine de pin filée, venant de Hollande ; mais cette filasse courte et ronde ne pouvait être bonne que pour remplacer le crin dans les matelas et les sommiers, et c'est même un emploi où cette matière eût été avantageuse, car, son odeur aromatique eût chassé les insectes ; mais, l'industrie allemande a retravaillé ce produit et sans devenir un tissu d'un emploi commun, M. Léopold Lairitz, a réussi depuis quelques années à donner un vigoureux essor à la fabrication de la Laine de bois, qui occupe aujourd'hui de nombreux ouvriers au sein de forêts jadis étrangères à toute espèce d'industrie.

Les produits du Pin sylvestre sont filés et tissés ; on en fait du tricot, de la flanelle et toutes sortes d'objets de bonneterie que les médecins recommandent tout spécialement contre les rhumatismes et les névralgies; ce tissu, destiné à mettre le corps ou quelque partie du corps en contact permanent avec les parties les plus actives des feuilles aciculaires des Pins sylvestres, produit un effet analogue à celui des bains de feuilles de pin, dont l'efficacité est depuis longtemps reconnue pour la guérison des affections rhumatismales.

Restreint d'abord au Zollverein, le commerce des produits Lairitz, n'a pas tardé à s'étendre au loin; de larges débouchés sont maintenant ouverts à ces produits dans presque tous les états de l'Europe : les médailles obtenues dans diverses expositions ont sans doute contribué à cette rapide extension, mais ce qui parait assurer à la flanelle végétale un succès durable, c'est qu'elle répond à un besoin depuis longtemps reconnu par tous les hommes qui s'occupent d'hygiène.

Il suffit, en effet, de se rendre compte du mode d'action de la laine animale sur notre corps pour comprendre combien est grand le nombre de personnes pour lesquelles son usage est contraire.

La laine agit comme corps isolant s'opposant à l'exhalation du calorique interne et faisant en même temps obstacle à l'accès de la chaleur ambiante vers la peau. Elle agit, en outre, comme corps irritant activant les fonctions de la peau par les frottements continuels qu'elle exerce sur elle. Les résultats de ces deux sortes d'actions sont de la plus haute importance. En isolant notre corps, la laine le garantit efficacement contre l'humidité, contre l'excès du froid et du chaud, et surtout contre les brusques variations de la température. En excitant la peau, elle prévient les graves désordres qui accompagnent le ralentissement des fonctions de cet organe. Ce sont là des avantages incontestables qui justifient pleinement la haute faveur généralement acquise à la flanelle.

A côté de ces avantages, la laine présente des inconvénients notables et bien souvent signalés. Sur toute la surface du corps recouverte par la flanelle, la laine fait obstacle à l'exhalation nécessaire du calorique interne et oblige ce calorique à refluer vers les extrémités supérieures et inférieures. De là chez les personnes fortes et sanguines de fréquentes céphalalgies et une fâcheuse tendance aux congestions cérébrales. D'un autre côté, chez les sujets d'un tempérament délicat et d'une nature impressionnable, l'irritation produite par la laine amène souvent les accidents nerveux les plus inquiétants, et quelquefois des douleurs intolérables Bien des névralgies n'ont pas d'autre cause.

Cependant, les personnes qui doivent s'interdire l'usage de la laine pour l'une des raisons que nous venons d'indiquer n'en éprouvent pas moins le besoin d'être protégées contre l'humidité et contre les variations de la température. Cette protection, dont elles ne sauraient se passer impunément, peut leur être procurée par la flanelle végétale, qui possède tous les avantages de la flanelle ordinaire et qui ne présente aucun de ses inconvénients. Corps éminemment isolant à raison des éléments résineux qui en forment la base, la flanelle végétale garantit efficacement contre l'humidité et contre l'excès du froid et de la chaleur. L'action qu'elle exerce sur la peau est assez forte pour activer convenablement les fonctions de cet organe, sans jamais produire chez les personnes impressionnables ces irritations nerveuses si pénibles et si souvent accompagnées des plus grandes perturbations. Plus perspirable que les étoffes de laine, la flanelle végétale ne donne pas lieu à ces accumulations de sueurs si désagréables et si incommodes dont se plaignent avec raison ceux qui font usage de la flanelle ordinaire.

La flanelle végétale rétablit les fonctions de la peau si souvent troublées par des causes diverses, et elle maintient constamment ces fonctions dans leur état normal. Ce résultat est dû à la double action qu'elle exerce simultanément sur notre corps par son acide formique; elle attire à la peau, au moyen d'une excitation douce et continue, par son tannin et ses principes résineux; elle fournit à l'absorption cutanée les éléments nécessaires à l'équilibre des humeurs. C'est ainsi que la flanelle prévient ou fait cesser les désordres occasionnés par certains éléments qui, dans l'état maladif, se produisent en trop grande quantité, notamment le phosphore dont elle détermine insensiblement et sans secousse l'évacuation si difficilement obtenue par les agents thérapeutiques.

Plusieurs médecins allemands ont signalé ces divers avantages de la flanelle végétale, notamment le Dr Hoppe, professeur à l'Université de Bâle.

Je me serais moins appesanti que je ne l'ai fait sur ce produit, si je n'avais eu, comme circonstance atténuante, à vous mettre devant les yeux un échantillon que vous voudrez bien accepter pour le Musée industriel de la Société. Ce nouveau tissu méritait bien, au reste, cette mention; c'est ce qui m'a décidé à extraire des divers travaux qui s'en sont occupés les détails les plus saillants.

Après avoir admiré la prodigalité avec laquelle la nature a répandu la matière textile dans un si grand nombre de végétaux, on ne saurait trop s'étonner de voir l'homme s'en tenir au chanvre, au lin et au coton, et négliger les plantes filamenteuses qui croissent d'elles-mêmes et ne coûtent, par conséquent, ni soins ni frais de culture. Une pareille négligence serait impardonnable si elle n'était causée par le manque de procédés propres à dégager les fibres vasculaires des plantes des substances gommeuses qui les imprègnent et à diviser chaque filament en une multitude de fils très fins susceptibles d'être livrés à la teinture et au tissage.

J'ai vu, il y a quelques années, dit M.Squier, dans l'*illustriste Zeitung*, des ouvriers indigènes séparer au Mexique les parties charnues de l'Agave feuilles par feuilles avec une ratissoire ou un grossier couteau, et j'ai appris que 1 ou 2 kilogrammes de ces fibres imparfaitement nettoyées constituaient tout le produit de la journée d'un travailleur. Me retournant alors vers le planteur américain qui m'accompagnait, je lui demandai pourquoi il n'employait pas une machine pour cette opération si simple, et pourquoi il ne réalisait pas ainsi une belle fortune. Parce que, dit-il, cette machine n'existe pas.

En 1837, cependant, un consul des Etats-Unis, dans le Yucatan, le Dr Perrine, avait fondé une Société pour l'exploitation et la propagation des plantes fibreuses, telles que agaves, mûriers, palmiers, etc. Le Congrès concéda à cette Société une grande étendue de terrains dans la partie orientale de la Floride. L'entreprise réalisa les espérances qu'on en attendait, mais fut bouleversée par la guerre des Seminoles qui éclata sur ces entrefaites et dans laquelle le fondateur fut tué.

Lorsqu'en 1854, la guerre avec la Russie éclata, la nécessité se fit sentir plus vivement que jamais de substituer au chanvre d'autres plantes analogues. L'Angleterre prit l'initiative des recherches et des tâtonnements et la patience britannique surmonta les obstacles ; elle avait inventé une machine qui en très peu de temps dépouillait un bananier et en préparait complètement les fibres; mais la paix qui ouvrit aux chanvres russes les marchés anglais fit perdre de vue les avantages de cette concurrence.

Il y a quelques années, un fabricant américain fonda sur le canal de Niagara une usine pour la préparation d'une fibre à laquelle il donna le nom de *Fibrilia*. Cette matière, dont la désignation générique indique les diverses fibres fournies par un grand nombre de plantes cultivées ou sauvages, était employée seule ou mélangée dans les tissus avec la laine et le coton ; elle n'était au reste obtenue que par un procédé inventé depuis longtemps par le chevalier Claussen. Mais cet amalgame complexe des fibres de toutes sortes de plantes ne peut offrir une homogénéité convenable et présente peu d'avenir. Les quelques échantillons importés en Europe, ne sauraient être introduits dans la consommation générale.

A la dernière exposition de Londres, une machine inventée en Amérique par MM. Sanford et Mallory, figurait avec éclat et attirait l'attention de tous les hommes compétents : son objet est de préparer avec les plantes textiles des fibres propres à être peignées ou filées d'une manière à la fois plus rapide et plus efficace qu'on n'y est parvenu jusqu'à présent ; elle détache et brise la chênevotte, en débarrasse par un espadage la fibre qu'on obtient à l'état propre et pur. De plus, elle peut servir à débarasser les feuilles des plantes fraîches, susceptibles de donner une belle fibre, de la chlorophyle, des matières gommeuses et parenchymateuses qui empâtent cette fibre, et à livrer celle-ci très promptement dans un état propre à recevoir d'autres façons sans porter le moindre préjudice à sa force et à son élasticité ; ainsi, dans les pays chauds, elle pourra servir à préparer rapidement et à bon marché de bonnes matières textiles avec le Phormium tenax, le China-Grass, les feuilles du Bananier, de l'Ananas, des Aloès, etc.

Cette machine peut produire par jour 55à 60 kilog. de fibres de lin nettes, propres, disposées bien parallèlement, conservées dans toute leur longueur et aux extrémités en bon état.

Essayée avec l'Agave, elle en a traité jusqu'à 700 kilogrammes par jour, tandisque, comme nous l'avons vu plus haut, un ouvrier n'en prépare guère plus de 1 à 2 kilogrammes dans le même espace de temps.

Mais une routine qu'on ne saurait comprendre est toujours là barrant la route au progrès, et le petit nombre des plantes textiles employées en fait monter tellement les prix, surtout quand, comme il y a quelques années, une guerre ferme les ports d'un des pays producteurs, qu'une grande partie de l'espèce humaine, même dans les pays civilisés, en est réduite à s'habiller de haillons qui ne servent qu'à cacher à peu près leur nudité, mais laissent passage aux intempéries des saisons.

Mais si au lin, au chanvre et au coton l'industrie ajoutait quelques-unes des fibres dont nous venons de parler, les tissus seraient en abondance et tout le monde trouverait à se vêtir convenablement.

Parmentier disait que si les savants recherchaient des méthodes économiques avec la même ardeur qu'ils s'adonnent à des expériences inutiles, il n'y aurait pas un seul individu dans le monde qui risquât de mourir de faim, autant peut-on dire pour les vêtements.

Quand je parle de savants, je n'entends pas désigner ces intelligences désordonnées dont les élucubrations ne servent à rien. Ainsi, en 1862, le président de la chambre de commerce de Liverpool reçut une lettre d'un nommé James Bruce, du 33e régiment, qui déclarait qu'après avoir soumis le raifort à un traitement chimique, il en avait retiré des fibres pouvant remplacer le coton ; la description minutieuse de M. Bruce et sa conviction amusèrent beaucoup le conseil.

A la même époque, les mille voix de la presse annoncèrent dans tous les pays industriels une grande découverte : le coton était remplacé dans toutes ses applications industrielles. Qu'était-il arrivé? Le 6 août 1862 (la date, ainsi qu'aux grandes découvertes, en a été conservée) M. Henri Harben, l'inventeur en question, se promenait sur le bord de la mer ; la brise soufflait du large et jetait sur le rivage une grande quantité de plantes marines. Un esprit ordinaire n'eût vu là qu'un de ces phénomènes particuliers à tous les mouvements océaniques, et dans ces végétaux lancés par le flot que des algues marines désignées généralement par l'appellation commune de varech. Mais M. Harben y vit un fait social, une découverte providentielle. Il ramassa soigneusement quelques-unes de ces plantes, les porta dans son laboratoire et les soumit à un puissant microscope qui lui fit apercevoir une matière filamenteuse très dense, très souple et d'une contexture extrêmement solide.

Profondément convaincu que cette matière, qui abonde sur tout le littoral de la Manche, pouvait être utilement employée comme matière textile, M. Harben montra des échantillons à quelques filateurs dont l'opinion, exprimée d'une manière trop complaisante, augmenta ses illusions : sans attendre des expériences pratiques propres à le fixer sur la valeur industrielle de la plante marine, l'auteur de la découverte révéla au monde cette trouvaille extraordinaire, mais sans préciser la nature même de la substance qu'il appela de son nom botanique : *Zostera marina.*

Après examen et expérimentation, la *Zostera marina* fut ramenée aux humbles proportions du varech, dont les cultivateurs de la Normandie et de la Bretagne continueront à faire un engrais, dont les ébénistes de Paris feront plus que jamais une excellente matière propre aux emballages.

Qu'en sort-il souvent?

Du vent.

Mais c'est aux savants, aux vrais savants que nous montrerons, dans les bienfaits dont leurs découvertes feront profiter l'humanité, la récompense de leur persévérance, cette vertu qui doit être celle par excellence des inventeurs, comme nous l'apprend, dans son langage humouristique, M. Babinet.

Dans une des réunions de l'Association polytechnique, voici comment il répondait à un critique qui lui reprochait de n'avoir jamais rien découvert :

« Cet heureux hasard n'est pas donné à tous, et cela me rappelle qu'un jour je rencontrai un de mes collègues dont l'air triste et soucieux me frappa.

« Qu'avez-vous? lui dis-je ; quel chagrin assombrit votre front?

« Ce qui m'attriste, répondit-il, c'est une déception. Je croyais avoir fait une découverte, et elle m'échappe.

« Permettez-moi, mon cher collègue, pour vous consoler, d'employer le procédé des *Mille et une Nuits*. Je vais vous conter une histoire :

« C'était en 1829. Je travaillais avec Herschell fils ; nous faisions des dessins sur l'ondulation de la lumière ; dans la même pièce, la femme et la sœur d'Herschell lisaient un journal que la veille j'avais rapporté de Windsor, quand tout à coup elles interrompirent leur lecture par un rire inextinguible dont un article de ce journal était cause. Or, voici ce dont il s'agissait :

« Un gentleman, grand amateur de pêche, découvre en voyageant un beau lac qu'il juge très poissonneux ; aussitôt il dresse ses engins, les amorce et attend vainement le poisson. Il remarque que, vêtu d'un habillement imperméable, un autre pêcheur se tenait immobile au milieu de l'étang. « Celui-ci est mieux placé que moi, » pensa le pêcheur malheureux ; et le lendemain, revenant de grand matin au lac, il s'empara de la place qu'occupait la veille son rival. Vaine attente ; son espoir est encore déçu ; il ne prend pas le moindre goujon. Trois jours de suite le pêcheur constant s'acharne à la poursuite de cette proie qui le fuit ; enfin il voit revenir son collègue absent depuis trois jours, et, poussé par les lois de la politesse, il l'accoste et lui dit : Je vous demande pardon, milord, d'avoir usurpé votre place. Je m'en excuse, et je vous avoue que je n'y ai pas été heureux. Cela ne m'étonne pas, répond flegmatiquement le pêcheur évincé ; il y a trois mois que j'y viens chaque jour, et je n'y ai jamais rien pris.

« Cette constance si peu récompensée excitait la joie des lectrices.

« Eh bien ! il en est de même pour moi ; depuis quarante ou cinquante ans je poursuis une découverte que je n'ai pas encore faite. »

Après quelques instants de silence, M. Babinet ajouta :

« Mais je n'y renonce pas. »

A cette noble parole, le public applaudit avec sympathie cette courageuse persévérance de l'illustre savant, et à tous les chercheurs qui sont à la poursuite de la découverte du problème économique des vêtements, nous dirons aussi : N'y renoncez pas.

Rouen. — Imp. de H. BOISSEL, rue de la Vicomté, 55.

www.ingramcontent.com/pod-product-compliance
Ingram Content Group UK Ltd.
Pitfield, Milton Keynes, MK11 3LW, UK
UKHW020215200726
13856UKWH00004B/1397